U0013710

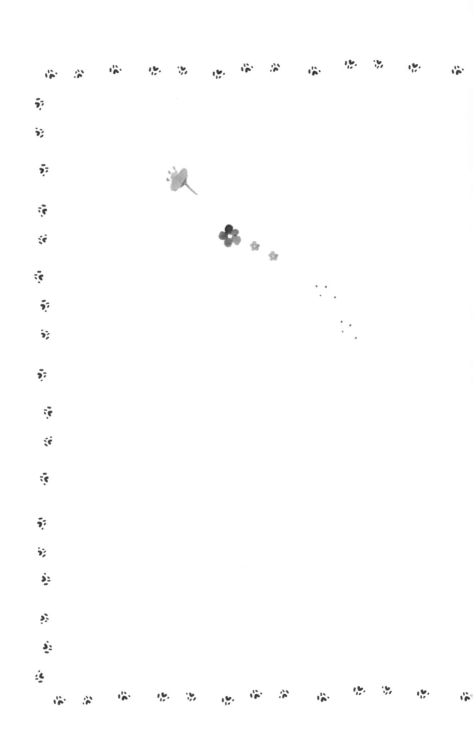

宇宙浪子 著

我就賤

喵星人 SOLA、洽米開示，
一賤天下無難事

我們都擋不住啦，
推推推～～～

SOLA～洽米～
借Aida阿姨吸一下～～

Aida

養過貓的人都知道，貓不只是可愛，還有點賤賤的！
這本書細數了貓的可愛（可惡？）之處，
讓我忍不住每翻一頁，
就看一眼我家的貓，說：「完完全全就是你會做的事啊！」

Aida／Aida& 綺綺圖文作家

想要被療癒嗎？
來本可愛滿滿的 SOLA 和洽米吧！
你也是貓奴嗎？家有賤貓的你，
絕對邊看邊笑邊點頭如搗蒜！
沒有養貓沒關係，
讓你見識貓咪的白目與可愛～
以奴才視角，
記錄喵星人日常搞笑的點點滴滴。

ChiaBB 佳比／圖文插畫家

日常生活中有太多機會遇見貓咪，工作室外面就住著幾隻街貓，牠們在巷子裡優雅地移動著。賓士貓永遠與我保持安全距離，瞪大雙眼看著路過的人，黑貓允許我摸摸頭，卻討厭被人抱起，貓咪們有著千奇百怪的性格。就如同作者筆下所畫，會調皮，會搗亂，面無表情又忽冷忽熱的對待，種種傲嬌的舉止，卻總會在一瞬間的撒嬌，讓人融化，果然「捉摸不定，最有魅力。」

HOM徐至宏／金鼎獎插畫家

一本充滿香噴噴的宇宙垃圾、
SOLA 和洽米的書，
不但可愛溫馨還帶搞笑，
邊看都會忍不住笑出聲，
我還不快吸爆！

一輛 YiLiang／圖文插畫家

©不屑貓WHOCAREs

這世上可以用可愛來佔領地球的，
大概只有讓人又愛又恨的喵星人吧！
不論是已身為資深貓奴，
或準備進宮侍奉主子的你，
翻開這本書，
準備讓作者的兩隻貓咪，
用傲嬌和賣萌來征服你的心吧！

不屑貓／圖文插畫家

非常俏皮的日常插畫，
用溫馨的色彩和可愛的畫風，
描繪出貓咪日常活潑的互動，
有養過貓咪的朋友們一定可以感同身受。
超級無敵強力推薦，
一定要買一本放在身上，
隨時補充喵喵之力～

棉花獅／軟萌插畫家

@微光分子

書中自有喵嗷嗷～
貓主子佔領了許多星球，
這次要來收服地球奴才們。
一翻開書本就有滿滿貓咪
各種惡行惡狀，絕對超有共鳴！
接收貓主子的腦波攻擊吧～～～

微光分子／療癒系插畫家

媽抖 1 號　◇　◇
SOLA

穿白襪子的賓士，長得很帥的女森，個性超兇，興趣是生氣跟用後腳踩人，話很多（大多是在抱怨）。高傲優雅偶包很重，別的貓不能靠近，陌生人類也不得親近，客人能看見身影都是幸運，也討厭摸摸跟抱抱，但其實有點傲嬌，喜歡待在有人類的地方。

媽抖 2 號　♪ ♫ ♪
洽米

中長毛的三花小女森，特色是松鼠般的蓬尾巴！興奮的時候尾巴會炸開，精力充沛電力十足，每天都需要爆衝放電。雖然知道不可以咬人，但常常會忍不住偷咬一口，再衝進沙發下躲起來。不太怕人，但也不黏人，只有很久沒見到人類的時候，才會主動撒嬌一下下，是隻鼻頭粉紅可愛的小美貓。

美喵 罐頭 沙龍

--- SALON ---

提醒你洗地毯

整理你凌亂的櫃子

叫你鏟屎

凝視你睡覺的容顏

看你上廁所

不要大驚小怪說「你又在幹嘛？」

本貓就爽！吃我的可愛！

聊天？缺我這咖！

♥ ♥ **奴才碎碎念**

平常對我愛理不理，洗澡時，卻會在外面喵喵大叫，好像怕馬桶還是浴缸把我吃了一樣，真是搞不懂，到底是喜歡人還是不喜歡呢？

在你洗澡時叫得很淒厲

確定你還活著

❤ ❤ **奴才碎碎念** ❤

SOLA 常常會在我熟睡時忽然在耳邊大叫，而且是躡手躡腳小心地走到枕頭邊，確定對準了我的耳朵，用來自丹田的力量（如果貓有丹田），奮力地大吼！我有時會嚇得從床上彈起，覺得心臟都要停了，真是超白目啊！

生活裡到處充滿了樂子，

只要好奇，

永遠可以玩得很開心。

Breaking

踩

旋轉貓咪

軟骨挑戰

(失敗的)隱身術

死命咬住

模仿鳖

享受貓生的高手

溫暖

這個好♥

舒湖

↖wifi盒

巡邏

不用懂事，
但要永遠很可愛。

奴才碎碎念

某天我正在用電腦畫圖，SOLA 躍上桌面，因為實在太習慣了，就放任牠四處散步，沒想到這賤貓的小肉球神準地一腳踩中鍵盤上的關機鍵，電腦瞬間關機，我的檔案也沒存！不禁抱頭慘叫：「啊啊啊啊啊……SOLA!」哥哥聞聲而來，問我發生了什麼事，我哀怨地指著：「SOLA 把我電腦關機了……」SOLA 則是一臉無辜。

哥哥拿起桌上一張卡，往鍵盤輕巧一挑，便把電源鍵給拔起來，然後說道：「你不知道家裡有貓都要拔掉這個鍵嗎？我以前早就被按過了。」奉勸正在看這段文字的你，也去把按鍵拔了喔。

給你一個買新東西的好理由

幫你鬆土

加料

貓貓的每日贈禮

一定要讓別人知道分寸！

佔位為王

鄙視你

壞壞才有人愛

SOLA 是哥哥帶回來的流浪貓，被撿到時才不到三個月大。一張小黑臉相當警戒，兩顆眼睛目光似火，看到陌生人就炸成毛球，像一顆氣噗噗的魔鬼海膽，與其說是貓，更像一隻小黑豹，張牙舞爪，一臉「要是敢碰我就讓你下地獄」的樣子。

哥哥瞬間被這個恰北北的模樣給萌到，當下就決定認養這隻穿著白襪子的小黑貓。沒想到 SOLA 不只是虛張聲勢而已，又抓又咬又踢，完全是跟你拼命，只是放個飼料卻被抓傷流血也是常有的事，真是沒看過這麼兇的貓啊！

哥哥覺得這麼有個性真是太棒了，要是對誰都撒嬌，那多無聊啊！

沒想到連老爸也愛這一味，見到SOLA氣到炸毛的樣子，居然很開心地跟我們說：「厚~這隻貓脾氣有夠壞、有夠兇，跟妳媽一樣~可愛！」除了傻眼以外，還被我爸閃瞎(攤手)。

都說男人不壞女人不愛，結果 SOLA 以身示範，女人很壞男人才愛！

當傲嬌媽碰上傲嬌貓

SOLA 被帶回家裡以後，媽媽總是時不時說想把牠丟掉，不准牠上到二樓，只能在一樓活動，口裡常常唸著：「養什麼貓，她很髒，不可以進房間！」

我們也沒太意外，從小我們就知道她討厭任何動物。SOLA 光是能留下來就該知道感恩，沒想到我們都錯了。

有一天，在媽媽房間發現了一個用拼布做成的小床，還有小枕頭跟棉被，全部都是手工做的。我好奇地問：「這是什麼？」媽媽板著臉說：「SOLA 的小床啊！」

嘖嘖，SOLA 看來也是很懂誰是家裡的老大，已經把傲嬌媽收服了。有時看牠睡那張小床的樣子實在太可愛，才伸手想去摸，馬上被傲嬌媽阻止：「不要吵牠睡覺！」

要說 SOLA 有多麼被疼愛嘛，媽媽曾經清蒸了魚，不加一點調味料，把刺跟皮全都挑乾淨，滿滿一碗剝好的魚肉！連我們都沒有這種待遇！但是但是，SOLA 牠不吃，SOLA 牠不吃，SOLA 牠不吃（太震驚了，所以要說三次）！

我緊張地在心中吶喊：「太后弄魚給妳吃欸，快吃啊，笨貓！」但 SOLA 完全興趣缺缺，後來發現牠比較愛雞肉，真是嬌貴的公主啊！

我一直很納悶為什麼傲嬌貓和傲嬌媽可以變這麼好？後來推測，很可能是媽媽最常在家，原本就不喜歡動物的她，不會主動碰或抱 SOLA，只負責照顧一下。這種保持距離的方式，反而對了 SOLA 的胃口，變得跟前跟後的，在房間追韓劇的時候要窩在旁邊睡覺，在廚房做菜要緊貼在紗窗上監視，還不時會大叫抱怨媽媽不讓牠進廚房。牠不會一直往傲嬌媽身上撒嬌，頂多經過用尾巴勾一下，刷個存在感，她們總是保持著剛好的距離，畫面實在有趣。

想起表哥有一次跟我說：「你們家真是傲嬌的溫床。」我媽與 SOLA 個性如出一轍，傲嬌人與傲嬌貓，雙方都不喜歡太黏，相處起來似乎也意外很融洽。

Part 2.

要賤第二原則

完美中要帶點缺點
才更討人喜歡

喵嗚～～

不睡貓窩睡外套

臭衣服的守護者

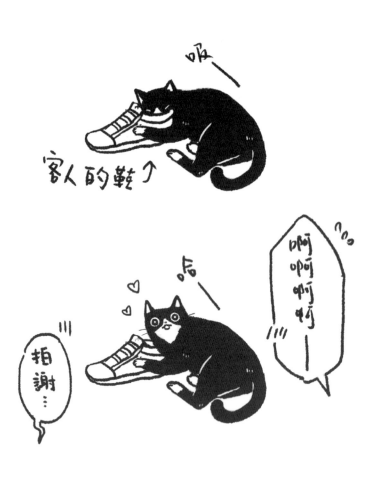

吸客人的味道

九層塔→

洽米!!

種貓

洽米很愛跳上桌子妨礙我，也特喜歡在我工作使用電腦的
時候窩在腳邊，但牠不只是窩在腳邊睡覺，還把我的腳當
玩具，時不時咬一口，或是用後腳踢一下，根本是桌下養
鯊魚的概念。

有時腳不小心碰到牠，還會喵喵大聲抱怨。唉，家裡這麼
大，妳卻偏偏要窩這裡，明明是我先來的還給我罵人呢！

妨礙工作

江湖在走，

心機要有。

假車禍真勒索

謀殺

❤ ❤ 奴才碎碎念 🐛

家裡有貓的人可以活到現在都不簡單，我們都是忍者的後代，因為貓貓的突襲實在太可怕了，沒摔死真要好好讚賞自己！好幾次我都為了不要踩到突然衝到腳下的貓而跌得鼻青臉腫，然後牠還一臉：「怎麼了？妳怎麼在地上？這很不優雅欸。」真的是氣死了！

偶像式賣萌

喵凹嗚

喵嗚嗚凹嗚

裝餓

企圖偷渡

逃獄

即興演奏

傲嬌貓與書法爸

老爸對 SOLA 一見傾心，所以很寵愛，時不時會看見他抓著 SOLA 放在自己的大腿上，對牠親情喊話：「SOLA，我們是朋友～，朋～～友～～！知道嗎？妳不能咬我喔！」

只見 SOLA 喵喵大聲抱怨，用力掙扎，希望這個大叔快點放開牠，對於一隻喜歡獨處的貓來說，我爸真是太煩了。牠只想要在窗邊優閒地看小鳥，一點都不想跟大叔交朋友，好嗎？

雖說大叔真的很煩，每次狹路相逢都會被抓起來摸兩把喊朋友，但 SOLA 最喜愛的座位之一是老爸的書法桌，不曉得是不是舞動的毛筆看起來很像逗貓棒，或是知道這個大叔只有在寫書法的時候特別認真不會抱牠。

總之，後來老爸也在書法桌上放了一塊牠專屬的小墊子，SOLA 會安靜地看老爸寫書法，只是一臉鄙夷，好像在說著：「什麼啊，我用尾巴揮兩下都比你強。」

比賽走樓梯

SOLA 有個怪癖，若是你在一樓遇見牠，牠發現你要上二樓，就會在你踏上階梯的那一刻，用百米速度衝刺，一起上樓梯，好像一定要在你之前抵達二樓才是勝者。

這是我跟 SOLA 經常玩的遊戲，記得有次牠在樓梯上打滑跌倒，我忍不住爆出笑聲，沒想到牠居然惱羞成怒，大叫一聲，衝過來用力踩我的腳再逃走！原來貓咪也是很愛面子的，不能笑牠！

躲貓貓

我想躲貓貓之所以叫做躲貓貓，真的是有來由的。SOLA 總是在家裡各處玩躲貓貓，但若有半天的時間不見牠出來蹓躂，我就擔心牠是不是又趁著誰開門的瞬間偷溜出去了？那天，我四處都沒找到 SOLA，於是就在家裡大喊牠的名字：
「SOLA—？」
「喵~~~~~」聲音從房門外傳來。
「SOLA—？」我又喊了一聲。
「喵~~~~~~~~」似乎是在陽台外的後院。
「SOLA—！」我打開陽台的門，往後院一看。
「喵~~！」結果是一隻胖橘貓坐在後院與我對望。
「你誰啦！！」
SOLA 呢？後來發現牠躲在我的衣櫃裡，睡到翻肚，爽得很！

愛抱怨的貓

不知道大家有沒有發現，貓咪之間在溝通互動時，其實不太會喵喵叫（發情除外），但貓卻很喜歡對人類叫，SOLA 也是，牠的叫聲音節非常多，真的很像在說話，不管是討食、要你開門，或者是罐罐太難吃，總之，貓咪有很多事情可以抱怨。

記得有次我在一樓地板發現了逗貓棒，因為我們生活起居大多在二樓，不禁碎念是誰拿到一樓的？正準備拿回二樓收好，沒想到 SOLA 突然衝出來，咬著逗貓棒「喵凹嗚嗚凹嗚嚕~~~~」嘴裡發出埋怨一邊跑下一樓，好像在說：「是我放在一樓的，妳不要擅自拿上來啦！」

哎，真是無法理解貓。

看什麼電視

看我

所謂好喵，

就是無法被掌控住。

被 踢

看什麼

這己經是我的了

朕只坐沙發

下等生物才坐貓窩

貓→窩

可愛就是正義，
可以征服世界。

🐱 奴才碎碎念 🐱

用電腦的時候貓最愛跟人類擠擠了，有時候擠在背後，有時候窩在大腿，或者硬要躺在腳邊呼嚕，還不時咬你兩口！一邊隨時擔心忽然被咬腳，要小心不要踢到牠，又捨不得趕牠走，破壞牠這難得的微撒嬌，自己真是挺奴的啊！

硬撥→

恆溫靠枕

躲抽屜

借車不還

時不時就要給對方一點驚喜
（嗯，驚嚇也可以啦），
這樣他才會記得你。

沙發刺客

貓咪的睡眠時間一天可以到達 12-16 小時，如果是老貓甚至可以睡到 20 小時，這樣的畫面對於人類來說真是太讓人嫉妒了啊！尤其是寒冷的冬天，為了工作必須早起，貓貓連起床迎接都懶，只會睜開眼睛瞄你一眼，然後繼續睡給你看！如果可以，真想當一隻貓，睡到地老天荒！

高難度睡法

早上 9:00

下午 2:00

傍晚 5:30

睡太久了吧!!

如何捕獲一隻貓

🐾 奴才碎碎念 🐾

「貓的喜好你永遠抓不準。」這個紙沙發好可愛，那個貓跳台感覺不錯！這個無線遙控的玩具好方便啊！在寵物展或是寵物用品店，看到那些設計美麗又厲害的貓玩具，都覺得喵喵說不定會喜歡！有時候牙一咬買下去，卻發現牠愛的還是紙箱。那股心痛～～～只有貓奴才懂！你也玩一下讓我拍張照啊！

這個讚喔

買的好

真正買的 →

嗝

電風扇底座的魅力

拖鞋的使用方法

骨骼結構

這個紙箱欠撕爛

舔 舔 舔 舔 舔

塑膠袋界的痴漢

自嗨

銷魂迷濛手

是夠好吃？想哈

所謂流動水

※廁所門請關好

有機會就試一下，
即使出糗也沒關係。

醜臉喝水大賽

神秘雷達探測

到底是看到什麼啦...

不管何時，
都要保持一點警覺心。

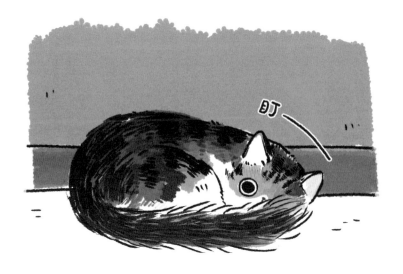

假睡覺真監視

宇宙+立坂
2020.1.9

不…不痛嗎？

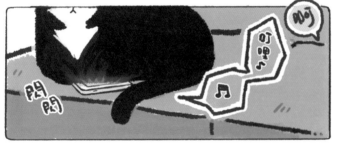

療癒聖品

洽米是一隻中長毛的貓咪，尾巴蓬蓬是牠的賣點，被收編時才兩個月大，毛茸茸的樣子超級可愛，一隻手掌就可以捧起。個性大刺刺的，被陌生人抓起來也不會反抗，話很多，來的第一天就一邊抱怨一邊吃飼料，可以說是一隻神經很大條的貓吧！

但神經大條歸大條，洽米也是公主（也許天下的貓都是王子跟公主吧），受不得一點委屈，罐頭挖得太慢除了喵喵大叫催促，還要咬你一口表示不滿！

比起 SOLA，洽米還算是隻會撒嬌的貓，但僅限於因為睡眠隔了 8 小時沒見到你的清晨，或是你出門後剛回來的時間，會蹭上來要你抱抱牠，一抱起來就會滿足地呼嚕，全身軟綿綿的，毛相當柔軟，真是療癒聖品啊！

洽米有指導靈？

在領養洽米的一年前，我們才送走了一隻貓咪叫布朗尼。布朗尼的離開相當突然，沒有任何預兆，某天清晨發現牠已在窗台上安靜地走了。當時牠才九歲，平時健康檢查也都沒有異狀，這樣的突然讓我們傷心得難以接受！

原本也暫時不想再養貓，誰知道緣分到來擋都擋不住。洽米是被網友撿到，照片中的牠可憐兮兮地在水桶中，一臉溫馴，眉間的紋路還有幾分神似布朗尼，考慮了幾天，牠還是一直沒有人認養，才決定：「就帶牠回家吧！」

說也有趣，隨著洽米長大，還真的跟布朗尼有些習慣不謀而合，像是喜歡一樣款式的逗貓棒，喜歡睡的位置一樣，或是偷開門，在關上的房門外大叫……我們都不禁懷疑是不是布朗尼的靈魂在旁邊指點教學，才會這麼像呢？

玻璃櫃的魔力

喵星人的腦袋不是愚蠢人類可以理解的，經常會做出一些讓人匪夷所思的舉動，譬如說撞玻璃櫃。我真的不知道玻璃櫃有什麼魅力，撞起來這麼舒服？還是洽米的內心有著武俠夢，喜歡雙腳一蹬猛撞一聲，再歡天喜地翹著尾巴離去，好似完成了一件大事。

牠還喜歡被關進玻璃櫃，經常坐在櫃子前喵喵大叫要我們打開，把牠關進去，牠會滿足地窩在裡面監視外面的人類們，過一陣子又吵著要人類幫他開櫃門，究竟玻璃櫃對貓是有什麼神奇的魔力呢？

洽米的絕技是開拉門，拉門是木頭做的，其實頗有重量，所以牠第一次推開拉門嚇得我從床上彈起來，以為發生了什麼靈異事件。現在，牠拉開門後還會像火箭一樣噴射，然後用力降落在床上，得意地炸著尾巴看我，若是把牠丟出房門，牠會不停重複殺進來再噴射到我床上，好像我衝你丟是一個遊戲，完全玩不膩！

演恐怖片

美味尾巴探測器

普通

不錯

炸開

咪嗚咪嗚咪嗚咪嗚

好好吃！
這個超香超好吃
好吃好吃好吃吃吃
每天都想吃這個
好好吃好好吃吃吃

Part 4.

耍賤第四原則
偶爾耍賞給奴才
一點樂趣

SOLA 是一隻極度討厭穿東西的貓，記得牠第一次穿這種東西，還是我媽在市場買的花洋裝。不曉得是不是那一次每個回到家的人都要狂笑一番，造成牠的心理創傷？總之現在 SOLA 再也不願意穿這種東西了。

疊疊樂

吸——

喜歡看貓忍耐的樣子。

被推開也很幸福.

檢查嘴邊肉是否柔軟

惹貓厭

偶爾當當別人的垃圾桶，
客串一下奴才也很有趣。

摸肉球

奴才碎碎念

看到貓咪張嘴緩慢打哈欠的瞬間，就是會有一股衝動，想把手指塞進牠的嘴裡，再看牠闔上嘴時，吃到手指一臉錯愕的樣子！

忍耐，想吃罐頭

你就要學習忍耐！

SOLA 平時不太理人，叫貓貓也不來，有時候可能連看也不會看你一眼，但是牠的尾巴卻一定會忍不住甩兩下回應你，要是連續叫牠叫個不停，牠就會生氣地開始用尾巴拍打地板，打得地板砰砰作響，大概是在說：「叫屁啦！沒事不要一直叫我！！」

貓咪圍巾

繼續開心當奴才

當初畫這個系列真的是無心插柳，單純想畫而已，沒想到能受到大家的喜愛，實在很開心。家裡有隻貓咪真的是非常療癒的事，例如回家時，即使打開家門漆黑一片，洽米總會在門口迎接，再撒嬌地喵喵叫個不停，催促你快點放下手上的東西抱抱牠。

對於愛看恐怖片又膽小的我來說，有洽米陪著再好不過了，尤其室友們都不在的時候，若家裡出現了什麼怪聲響，都可以想著一定又是洽米在調皮，而不會心驚膽跳地以為是小偷，還是什麼看不見的神祕力量，亂嚇自己。

貓咪們也有害怕的東西，大多是吸塵器、吹風機這種會發出巨大聲音的機器，而洽米害怕的東西……是拖把！只要拖把一出現，洽米就會進入戒備狀態，炸開全身的毛，一邊哈氣一邊到處爆衝，拖把在牠眼中大概是一個長毛怪物，洽米平時天不怕地不怕，就怕這個拖把。有時候我在客廳工作，洽米為了引起注意，會不時撲向我畫圖的手或是啃咬我的腳，實在不堪其擾，我就會派出「拖把護衛」，讓拖把直立站在我旁邊，洽米就會無奈趴在沙發椅背上，一臉怨恨地瞪著拖把，像是可惡的拖把搶了牠的獵物（我就是獵物），讓我安然地度過下午。

很多人覺得養貓後家裡會變得髒亂，事實上卻相反，自從養了貓，我開始天天打掃，經常拖地，客廳的櫃子跟桌子都收得很乾淨，不隨意堆放雜物，小東西也都要收好，以免淪為貓咪的玩具。洽米特喜歡鑽沙發跟電視櫃後的縫隙，所以也要把這些地方打掃乾淨，以免洽米變成一隻拖把灰塵貓！

大家應該都知道，貓咪是一種叫不來的生物，SOLA 頂多甩甩尾巴表示牠聽見了，洽米則會瞄你一眼繼續做牠的事，不會往你的方向移動

半步。但後來我發現若是假裝發出慘叫，洽米就會迅速奔過來東聞聞西聞聞，發現你沒事就甩甩尾巴走了。表哥聽了此事說：「妳這個放羊的主人，以後真的出事了牠就不會救妳！」我回道：「反正真的出事了，洽米也沒辦法幫我打119，不如這樣感受一下洽米對我的愛。」

唉，人類真可憐，這樣無所不用其極地想要證明貓貓對奴才有一點愛，果然貓派的都是被虐狂吧？

誰叫貓貓們都這麼有魅力呢，牠們軟綿綿的身體，圓滾滾的雙眼，還有不可預測的反差萌性格，就像鞭子與糖果，偶爾的撒嬌臨幸是給奴才的恩賜，可愛就是正義，貓咪用可愛征服人類、征服了世界，牠給你的是幸福跟快樂。因為萌，所以任性、所以做什麼事都可以輕易被原諒，套用在人身上就是所謂的「人正真好，人醜吃草」。若有下輩子我也想要當一隻可愛的貓，有一個主人，最好沒什麼健康觀念天天餵我吃雞排，貓生如此，夫復何求？

養貓這麼多年，看著貓咪的生活，會覺得做人其實不需要太委屈，有時候可以像貓一樣有點任性，真的生氣就發洩，不爽就咬人，保有一些自己的個性，過得比較舒適，退讓得太多，其實也只是成全別人的任性。可以柔軟可愛但不能過度犧牲，像一隻貓咪，優雅做自己，只可惜不能學牠們每天在家睡覺不用上班！

自從開始畫貓的系列插畫後，常常收到來自粉絲們的回饋，大家也與我分享貓貓們的照片，其中不少都是跟SOLA超級像的白襪賓士貓們，被養得相當肥美，可見是遇到了超棒的奴才，過著舒適優渥的生活，幸福都寫在肥肚上。

果然天下貓貓一樣賤，但我們願打願挨，主子可愛，我們就吃牠的可愛當精神糧食過活，也只能繼續侍奉囉！

國家圖書館出版品預行編目 (CIP) 資料

我就賤：喵星人 Sola、洽米開示，一賤
天下無難事 / 宇宙垃圾著. -- 初版. --
臺北市：遠流, 2020.06
面； 公分
ISBN 978-957-32-8778-0(平裝)
1. 貓 2. 動物行為 3. 通俗作品

437.36　　　　　　109006136

我就賤

喵星人 SOLA、洽米開示，
一賤天下無難事

作　　者：宇宙垃圾
總 編 輯：盧春旭
執行編輯：盧春旭
行銷企劃：鍾湘晴
封面・內頁設計：Alan Chan

發 行 人：王榮文
出版發行：遠流出版事業股份有限公司
地　　址：臺北市南昌路 2 段 81 號 6 樓
客服電話：02-2392-6899
傳　　真：02-2392-6658
郵　　撥：0189456-1
著作權顧問：蕭雄淋律師
ISBN 978-957-32-8778-0

2020 年 6 月 1 日初版一刷
定價：新台幣 320 元（如有缺頁或破損，請寄回更換）

遠流博識網　　http://www.ylib.com
　　　　　　　　Email: ylib@ylib.com